KB262703

숨은 전통건축의 역사

숨은 전통건축의 역사

발행일 : 2025년 08월 08일
출판사 : 하랑출판
주   소 : 서울시 중구 퇴계로28길 8
전   화 : 02-2263-3337

목 차

사찰

開心寺 大雄寶殿
보물 143호
Taeungpocheon Hall
Treasure No. 143

開心寺
- 소재 : 충남 서산군 운산면 신창리
- 연대 : 651년 창건, 1484년 중건
Kaesimsa Temple
A.D. 651. Rebuilt in A.D. 1484

開心寺는 산지사찰의 표준적인 사찰로서 창건 기록에 의하면 신라 진덕여왕 5년(651)에 창건되었다고 기록되어 있으며 현존하는 大雄殿 기단석축은 창건당시 것으로 전하고 있다. 사찰은 여러차례의 중건이 있었는데 고려 충정왕 2년(1350)에 중건되고 조선 성종 20년(1484)에 大雄殿이 중창되었으며 1631년에 다시 중건되다가 오늘에 이르고 있다. 배치현황으로는 계류가 시작하는 평탄한 지역에서 북으로 자연석 계단을 약 200단 가량을 오르면 3단 정도의 평탄한 사지가 나타나는데 제2단에 安養樓가 남쪽을 바라보고 있으며 중정으로의 입구는 安養樓와 大雄殿 사이의 협소한 가설문을 통해 진입된다. 安養樓는 통상의 문루형식이 아닌 단층 종루 건물이다. 중정 동,서쪽으로 大雄殿과 安養樓가 마주보고 있고 남북으로 大雄殿과 尋劒堂이 마주보고 있는 표준형이라 할 수 있다. 심검당구조나 표현수법이 봉정사 극락전 전면의 고금 당이나 화엄강당과의 관계와 같이 처리되어 있어 원래는 고려말 형식이었음을 짐작할 수 있다. 이러한 開心寺는 산지형의 전형적인 일탑형 사찰이며 산지사찰의 전형적인 예를 보여주는 사찰로 중요성을 갖는다.

大雄殿은 開心寺에서 가장 중요한 건물로서 다포계열이면서 주심포식이 혼합된 절충양식을 보여주고 있으며 이 건물 좌우의 尋劒堂과 大雄殿은 조잡하기는 하나 주심포계열의 건물로서 주목받고 있다. 大雄殿은 외부 2出目, 내부 3出目인 다포식으로 측면은 고주 2개를 세워 종량을 받고 있는 맞배지붕 형식을 하고 있어 상당히 흥미롭다. 규모로는 전면 3간, 측면 3간으로 보물 143호이다. 이 건물이 절충형이라함은 특히 중요한데 구조법과 기법은 전부 주심포식을 따르면서 공포는 다포식을 따르고 있는 것이 절충적이다. 건물의 중요 요소로는 복화반이 있는 포대공과 연등천정, 솟을 합장등이 주심포 계열이다. 측벽에는 고주 두 개를 세우고 내부를 통칸으로 처리하였으며 불단이 있는 후불벽은 뜬 창방사이에 설치되어 있는 것도 특징을 이룬다.

開心寺 無量壽殿 全景
Muryangsucheon Hall

開心寺 解脱門
Haetarmun Gate

개심사의 주 진입부로서 안양루를 우각진입하게 하
는 문의 역할을 하고 있다.

開心寺 解脫門 상세
Detail of Haetarmun Gate

이 문으로 진입할 경우 大雄寶殿이 시야에 조금씩
들어오며 나중에는 전체적인 윤곽을 한눈에 파악할 수
있게 한다.

開心寺 三神殿 全景
Samsincheon Hall

開心寺 尋劒堂 벽, 기둥 상세
Details of Chimkeomtang Hall

開心寺 尋劒堂 全景
Chimkeomtang Hall

1477년경의 건물로서 주심포식 구조를 하고 있으며 규모로는 전면 3칸, 측면 3칸의 구조로 되어 있다. 지붕은 박공지붕이며, 공포구조는 1출목의 3포작 방식을 사용하고 있고, 주요 특징으로는 주심포의 쇠서가 상당히 날카롭게 구성되어 있어 비교적 초기의 주심포식으로 보인다.

開心寺 安養樓 측면부
The side of Anyangru Pavilion

解脫門과 인접해 있으며 루하진입방식을 사용하지
않고 우각진입방식을 사용하고 있으며, 解脫門이 우
각진입의 입구로 사용되고 있는 것이 특징이다.

開心寺 安養樓 全景
Anyangru Pavilion

開心寺 安養樓 內部
Inside of Anyangru Pavilion

開心寺 冥府殿 全景
Myeongpucheon Hall

開心寺 鐘塔 全景

佛國寺

- 소재 : 경북 경주시 진현동
- 연대 : 536년 창건(법흥왕 27년)
  752년 중창(경덕왕 10년)

Purkuksa Temple

A.D. 536. Rebuilt in A.D. 752

불국사는 二塔式 평지가람배치로 건축된 대표적인 사찰로서, 석굴암과 함께 한국 사찰건축 중에서 가장 훌륭하다 할 수 있다. 재상인 金大成이 현세의 부모를 위하여 불국사를 중건하고, 전생의 부모를 위하여 석굴암을 건축하였다고 전하여 지지만, 왕실의 뜻에 의해 당시의 中侍였던 金大正이 총책임을 맡아 건축하였다는 주장도 있다.불국사의 배치는 높은 축대위에 평지를 조성하고 여기에 전각들을 세운것으로, 개개의 영역은 계단, 회랑, 문, 건물의 4요소로 이루어 지며, 대웅전, 극락전, 비로전을 각 영역의 중심으로 한다. 이들 3영역의 중심인 대웅전의 영역은 청운 · 백운교—자하문—대웅전에 이르는 축선과 회랑으로 구성되며, 대웅전 뒤에 강당(무설전)을 두어 고대 가람의 전형을 보여준다. 불교적 해석에 의하면, 각 영역이 하나의 이상적인 彼岸世界인 佛國을 형성한다고 한다. 자하문을 들어서면 유명한 多寶塔, 釋迦塔과 함께 중앙에 石燈이 있어 양 익루와 함께 대칭적 균형을 강조하며 공간에 팽팽한 긴장감을 연출한다.통일신라 석탑을 대표하는 석가탑은 전체 비례가 매우 아름답고 남성적이며, 다보탑은 이와 대조적으로 변화무쌍한 특수형의 석탑을 대표한다. 이탑식 가람으로는 특이하게 두 탑의 모양이 극단적으로 다른 것은 석가탑의 배경이 공허하여 윤곽을 뚜렷이 하기위해 단순하고 힘찬 조형을 취한 반면, 다보탑의 배경은 松林이므로 섬세한 細部를 강조한 것이다.

불국사 極樂殿

Keukrakcheon Hall

   西院의 중심건물인 극락전은 고려 명종 2년(1172
년)에 중창되고 1750년에 중수된 것으로, 정면 4간,
측면 3간의 팔작지붕이며 內外 3출목의 공포를 가진다.

불국사 極樂殿과 석등
Keukrakcheon Hall and Stone Light

불국사 觀音殿
Kwaneumcheon Hall

　1972년　보수공사로 복원한　관음전은　비로전 우
측에 위치하며, 정 · 측면 3간의 구조이다.

불국사 **無說殿**
Museorcheon Hall

비로전, 관음전과 마찬가지로 72년 복원되었으며,
정면 8간, 측면 4간의 건물이다.

불국사 연화 · 칠보교, 石壇
Yeonhwakyo and Chirpokyo Bridge

　　연화교와 칠보교의 규모는 좀 작으나 그 세부 수법
이 청운 · 백운교와　비슷하며, 계단 디딤판에는 薄刻
이 있어 매우 특이하다.석축의 구조방법은 불국사에서
주목할 부분으로 목조가구를 닮은 기둥 · 보등의　부재
를 세우고 그 안을　막돌로 쌓아 벽체 역할을 하고 있
으며, 이러한　석구조의 목구조　모방은 불국사 전체의
조형의지를 이루고 있다.

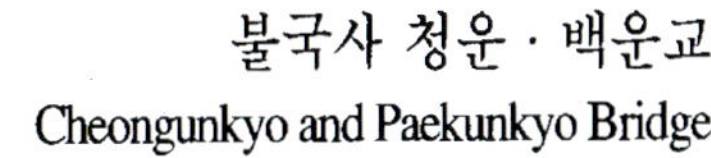

불국사 청운 · 백운교
Cheongunkyo and Paekunkyo Bridge

자하문 앞의 하층 석단의 중앙 돌출부에는 청운,
백운의 두 석교가 놓여있으며, 동서 단부에는 翼樓 基
部가 돌출되어 있다.

불국사 청운 · 백운교 세부
Detail of Cheongunkyo and Paekunkyo Bridge

백운교 상단에는 폭 7尺되는 계단참이 있으며, 하
부에는 홍예(虹蜺)를 짜서 개구부를 만들어 매우 아
름다운 외관을 지닌다.

불국사 천왕문
Cheonwangmun Gate

불국사 紫霞門
Chahamun Gate

金堂院의 中門인 자하문은 정면 3칸, 측면 2칸으로 공포는 다포식 내외 2출목이며 단층 팔작지붕이다. 중간에는 3개의 문이 있으며 내부는 우물천장으로 되어 있다.

歸信寺 大寂光殿
보물 826호
Taecheokkwangcheon Hall
Treasure No. 826

歸信寺 大寂光殿 편액과 목구조 상세
Detail of Taecheokkwangcheon Hall

◀歸信寺 大寂光殿 귀공포
The top ornarmentation of Taecheokkwangcheon Hall

歸信寺 大寂光殿
Taecheokkwangcheon

歸信寺 大寂光殿 배면
Taecheokkwangcheon Hall

歸信寺 大寂光殿 측면
Taecheokkwangcheon Hall

◀ 佛影寺

- 소재 : 경북 울진군 서면 하원리
- 연대 : 651년 창건, 응진전 16세기말

Puryeongsa Temple

A.D. 651. Rebuilt in 16C

　의상에 의해 창건된 佛影寺는 울진의 전략적인 곳에 위치하고 있으며 의상대사에 의해 창건된 산지 사찰중 주로 군사적인 역할이 강하였던 사찰로 보인다. 佛影 寺의 주 전각인 應眞殿은 보물 730호로서 조선 중기 건물이며 다포식으로서 박공지붕을 하고 있고 건물 4면에 포작을 올린 것이 특징이다. 다포식이면서도 비교적 단순하고 화려하지 않으며 조선 중기의 형식을 잘 보여주고 있는 건물로 특성을 지닌다.

佛影寺 應眞殿 편액과 공포구조 상세 ◀
보물 730호
Detail of Eungchincheon Hall
Treasure No. 730

佛影寺 應眞殿 귀공포 구조 ▶
The top ornamentation of Eungchincheon Hall

應眞殿

佛影寺 大雄寶殿 全景
Taeungpocheon Hall

佛影寺 義湘殿
Yisangcheon Hall

　불영사의 창건승인 義湘을 기리기 위해 세운 전각
으로서 잡석기단위에 배치되어 있다.

定慧寺 大雄殿 앞뜰과 전체 전경
Taeungcheon Hall

大雄殿

계단 상세
Detail of Stair

定慧寺 大雄殿 全景
보물 804호
Taeungcheon Hall
Treasure No. 804

定慧寺 大雄殿 측면
Taeungcheon Hall

大雄殿

靑龍寺 大雄殿
보물 824호
Taeungcheon Hall
Treasure No. 824

青龍寺 大雄殿 측면 全景
The side view of Taeungcheon Hall

　굴곡이 심한 기둥을　사용한 측벽의 구성이 자연스
러우면서도 독특한　입면구성을 이루고 있다.

靑龍寺 大雄殿 편액과 공포구조 상세
Detail of Taeungcheon Hall

道岬寺

- 소재 : 전북 영암군 군서면 도갑리
- 연대 : 신라말기 창건, 1457년 중건

Tokapsa Temple

Rebuilt in 1457

道岬寺의 창건기록에 의하면 도선국사의 손에 의해 창건되었다는 기록이 있으며 연도로는 대략해서 신라말로 볼 수있으며 중건의 기록은 조선 세조 2년(1457)이었다는 기록이 있다. 배치현황으로는 계류를 건너 해탈문 북쪽으로 위치한 석계단에 이르면 해탈문을 지나게 되며 大雄殿이 서 있는 중정까지 완만한 경사로가 3단의 석축으로 구성되어 있다. 해탈문 중심에서 대웅전 중심까지 도로중심에 1개, 서북측으로 3개의 운두가 높은 주초석이 보이는데, 유적으로 보았을 때, 제1단의 계단 근방에 격식있는 계단과 중문이 있었을 것으로 판단되며, 중문 양측으로 회랑이 있었던 흔적이 보인다. 大雄殿 남측 전면에는 3.3m 간격으로 초석이 놓여 있으며 그 남측으로 4간×5간의 건물지가 있는 것으로 볼 때 신라시대의 사찰 배치로 추측할 수 있다. 大雄殿 앞에는 작은 당간지주가 계단 양옆에 있으며 북쪽에 3층석탑, 남쪽에 5층석탑이 있다. 따라서 도갑사는 전체적으로 볼 때 주요 축선이 서쪽인 독특한 평지사찰 배치법을 택하고 있으며 주축을 중심으로 각각 中門과 金堂이 배치되어 있다. 평지사찰과 산지사찰의 중간에서 탑형식의 중요성이 상실되고 있으며 규모도 작아져가는 과정을 엿볼 수 있는 사찰이다.

道岬寺 大雄殿 귀공포
The Top Ornamentations of Taeungcheon Hall

道岬寺 大雄殿 측면
The side view of Taeungcheon Hall

道岬寺 大雄殿 뒤 절터
The old site of Tokapsa Temple

道岬寺 大雄殿 후면부 건물지
The old site of Tokapsa Temple

道岬寺 解脱門

국보 50호

Haetharmun Gate

National Treasure No. 50

　국보 50호인 解脱門은 조선 초기(1473) 건물로 그 규모가 전면　3간, 측면 2간이며 사찰의 정문역할을 하고 있다. 내부에는 금강역사상이 안치되어 있으며 1단의 석축위에 담을 사이에 두고 정축선상에 배치되어 있다. 입구부분에 있는 구름형태의 계단이 독특하며　조선 초기건물로서 목구조의 양식상 주심포　건물의 중기형태에 해당하며 다포식으로　넘어가는 중간단계에 있는 건물로 특징이　있다.

道岬寺 解脫門 입구 측면
The side view of Haetharmun Gate

道岬寺 解脫門 내부
Inside of Haetharmun Gate

道岬寺 解脱門 내부 가구 구조상세
Inner Details of Haetharmun Gate

道岬寺 解脱門 공포 구조 상세 ◀
Details of Haetharmun Gate

　주심포 중기 형식에 속하는 이 건물은 형식상 다포
계의 형식도 부분적으로 나타내고 있어 다포계로 전
이하는 중간과정의 건물로 보이며 기둥은 그다지 배
흘림이 강하지 않은 것이 특징이다. 이 건물에서 볼 수
있는 주심포식의 특징이라면 기둥의 치목기법과 우미
량의 사용을 들수 있으며 다포계의 특징이라면 기능
적 역할을 하고 있지 않은 지붕의 솟을합장과 종도리
를 지지하는 포대공이라 볼 수있다.

道岬寺 解脱門 내부 구조 상세 ▶
Inner Details of Haetharmun Gate

解脫門

가람배치는 진입軸을 동서로 하고 계곡에 평행하게 동향하고 있으므로 건물 중심의 배치가 아닌 지형 중심의 배치를 형성하고 있다. 진입방식은 일주문·천왕문·불이문을 거쳐 보제루의 측면을 돌아 들어오는 우각진입 방식을 취하고 있다.대웅전 앞의 마당은 대웅전이 위치한 윗단과 비로전·미륵전을 위한 아랫단으로 나뉘며, 아래영역은 3층석탑을 통해 구심적인 외부공간을 나타내고 있다. 대웅전은 높은 층단에 의해 수직적인 입면을 구성하고 있다.

◀ 梵魚寺
소재 : 부산시 동래구 청룡동
연대 : 678년 창건(문무왕 18년)
　　　 1613년 중건(광해군 5년)
Peomeosa Temple
A.D. 678.　Rebuilt in 1613.

대웅전 귀공포
The top ornanmentation of Taeungcheon Hall

大雄殿

보물 434호

Taeungcheon Hall

Treasure No. 434

대웅전은 정 · 측면 3간에 공포는 외 3출목,내 4출목으로 전 · 후면에만 포작이 짜여 있다. 조선후기 건축임에도 중기의 구조수법을 지니고 있으며, 맞배지붕이지만 다포계 구조를 지녀 중기의 성격이 강하게 드러난다. 전면의 隅柱는 돌기둥형의 높은 초석위에 세워져 있다.

대웅전 측면
The side view of Taeungcheon Hall

　측면에는 공포가 없고 2개의 고주를　세워 중량을
받고 방풍판으로 측면을 감싸고 있다.

대웅전 공포
Detail of Taeungcheon Hall

주간포작은 어간에 3개 협간에 2개씩을 만들고 살
미첨차의 외부는 두공에서부터 仰活形으로 하였다.

一柱門
Ilchumun Gate

3간의 문으로 이루어 졌고 육중한 석주위에 지붕틀을 직접 얹은 형태이다. 다포계 맞배지붕으로 형태미와 구조미가 동시에 느껴진다.

천왕문
Cheonwangmun Gate

　천왕문에서 불이문을 지나 보제루에 이르는 진입로
는 양옆에 낮은 담장을 쌓아 동선을 유도하고 있다.

華嚴殿

羅漢殿 측면
The side view of Nahancheon Hall

羅漢殿 전경
The view of Nahancheon Hall

범어사 鐘樓
Pavilion of Peomeosa Temple

鳳停寺

소재 : 경북 안동군 서후면
연대 : 672년 창건
Pongcheongsa Temple
A.D. 672

　한국 最古의 목조건축인 극락전으로 유명한 봉정사는 3단의 대지로 나누어져, 만세루가 서있는 하단부분, 화엄강당과 요사가 있는 중단부분, 그리고 대웅전과 극락전이 배치된 상단으로 구성된다. 하단부분은 진입의 여운을 중정으로 이어주는 매개공간이 된다. 대웅전 영역은 수평적 건물의 구성으로 인해 수평감과 정면성이 부각되고 극락전 영역은 정면성보다 화엄강당의 측면을 통한 우각진입시의 장면이 강조된다. 가람배치는 대웅전과 극락전을 중심으로 병렬배치를 보이며, 이것은 불국사에서도 찾아볼 수 있다.

대웅전

보물 55호
Taeungcheon Hall
Treasure No. 55

　조선초의 대표적인 다포계 건축이며 정 · 측면 3간의 단층 팔작지붕이다. 넓은 柱間과 짧은 기둥, 낮은 처마로 인해 다포계 특유의 수직적 상승감은 보이지 않는다.

대웅전 측면
The side view of Taeungcheon Hall

대웅전 영역
Taeungcheon Hall

좌우의 화엄강당과 요사채의 배치는 대칭이 아니면
서 동적균형을 이루고 있다.

대웅전 공포
Detail of Taeungcheon Hall

　내외 2출목으로 그 수법이 조선초의 특색을 잘 나타내고 있다. 두공과 첨차는 내외부의 끝부분이 상부는 直切하고 하부는 교두형이다.

대웅전 귀공포
The top ornanmentation of Taeungcheon Hall

雲門寺 毘盧殿(大雄殿) 귀공포

보물 835호

Taeungcheon Hall

Treasure No. 835

雲門寺

- 소재 : 경북 청도군 운문면 신원리
- 연대 : 560년 창건, 대웅전 19세기

Unmunsa Temple

A.D. 560. Rebuilt in 19C

  비구니 사찰로 평지에 건립되었으며 일반적인 산지 사찰이나 평지사찰의 전형적인 형식의 배치를 따르고 있지는 않다. 진입부에서 종루를 거쳐 관음전과 작압전에 이르게 되며 이를 지나면 오른편으로 만세루와 대웅전에 이르게 된다. 대웅전 앞쪽으로는 2기의 탑이 남북간에 배치되어 있으며 대웅전과 만세루도 진입축과는 무관하게 남향을 하고 있는 것이 특징이다. 특히 대웅전은 19세기에 건립된 것으로 다포식 건물로서 비교적 규모가 큰 위용을 자랑하고 있다.

  대웅전은 조선말기의 것으로 기둥간격이 넓으며 지붕의 합각면이 크고 높아 큰 스케일감을 부여하고 있다. 구조형식으로는 다포식으로 평주위에 귀주를 둔 것이 특색이다.

雲門寺 담장의 상세
Detail of wall

神勒寺 祖師堂

소재 : 경기 여주군 북내면 상교리

연대 : 17세기경

Sinreuksa Temple

A.D. 17C

　신륵사는 근처의 英陵(세종의 능)의 願刹로 크게 번창한 절이다. 조사당은 작은 법당이지만, 최소화된 다포계 불당이라는 점에서 의의를 찾을 수 있다. 정면 1간, 측면 2간의 정방형에 가까운 평면을 가지며, 공포는 내외 4출목이다.

조사당 측면과 후면
보물 180호
Chosatang Hall
Treasure No. 180

　단층 팔작지붕의 단아하고 균형잡힌　비례를 보인
다. 좌우측벽에 외짝 출입문이 있을 뿐 3면이 모두 막
혀있다.

조사당 편액과 공포
Detail of Chosatang Hall

신륵사 **極樂寶殿**
Keukrakpocheon Hall

　1800년에 건축된 건물로, 공포는 외3출목 내4출목
으로 첨차살미의 　牛舌形은 지극히 복잡하다. 쇠서 상
단에 큰 蓮봉을 올려놓고 내부는 雲工이 우물천장 밑
까지 뻗어 올라가 있다.

◀ 浮石寺

- 소재 : 경북 영풍군 부석면 북지리
- 연대 : 676년 창건(문무왕 16년)

Puseoksa Temple

A.D. 676.

　부석사의　창건설화에는 의상과　그를　사모한 善妙 낭자의 사랑이　종교적으로 승화되어　창건을 도왔다는 전설이　있다. 부석사는 의상이 중국에 가서　배워 온 화엄종을 전하는 근원적　도량으로 알려진 곳이며, 고려시대 건축을 대표하는 사찰이다.지형을 최대한 이용한　산지가람으로서 전체의배치축은 서남향을　향하고 있으나, 무량수전과 안양문만은 중간에서 17°정도 남향을　하고 있다. 극적인 시계와 공간을 연출하는 樓下進入의 가람배치를 가지며,　이것은 우리가 평지가람의 중문을 들어서면서　중정 앞에 있는 본전을　바라볼 때 회랑으로 감싸여진 공간을 느끼는 것과 유사한 기분을 제공한다. 또한,지형에　따라 큰 자연석을　이용한 9개의 석단을　만들어, 그 대지위에 건물들을 배치하였으며 가장　높은 석축기단 위에는 본전인 무량수전이 놓여 있다.이　사찰은 淨土宗계열로　土佛이 석가여래가 아닌 西方淨土의　수호불인 아미타여래로 항상 東面하게 된다.

부석사 安養樓
Anyangru Pavilion

  누하의 마지막 부분에서 경사가 급한 계단을 만들
어 어두운 누마루의 개구부를 벗어나자 마자 눈앞에
아름다운 석등이 먼저 나타나며 그 뒤에 무량수전의
아름다운 건물 모습이 밝고 넓은 하늘을 배경으로 극
적으로 펼쳐진다.

부석사 無量壽殿

국보 16호

Muryangsucheon Hall

National Traesure No. 16

현존하는 고려중기의 가장 우수한 목조건축으로
주심포 양식이 완결된 구조라는 가치를 지닌다. 배흘
림과 솟음, 쏠림의 시각보정 수법이 완연한 입면은
정면 5간, 측면 3간이며, 정면의 가운데 3간은 넓고
양끝 2간은 좁게 구성되어 전체 비례는 황금비에 기
준한 고전적 비례를 가진다.이 건물의 건축양식은 봉
정사 극락전보다 한단계 발전한 주심포 형식을 나타
내고 있으며 가구 방법과 세부 수법이 정연하며 장
식적인 요소가 많이 나타나지 않고 직선재의 중첩으
로 구성된 내부 천장 공간의 아름다움과 장엄함은 건
물 외관의 세련된 모습과 더불어 한국의 가장 뛰어난
건축물로 생각할 수 있다.

무량수전 앞의 석등
Stone Light at the front of Muryangsucheon Hall

무량수전 측면
The side view of Muryangsucheon Hall

합각이 隅柱의 안쪽에 위치하여 지붕이 장중하고 커보이는 역할을 하고 있으며 팔각 기둥의 활주가 사용되어 추녀를 받치고 있다.

무량수전 공포구조
Detail of Muryangsucheon Hall

일반적으로 대부분의 주심포계는 맞배지붕이지
만, 무량수전은 팔작지붕을 지닌다. 내부의 가구는
배흘림이 현저한 高柱위에 소첨차와 대첨차를 놓고
단면이 항아리 모양인 대들보를 얹어 내부의 주공간
을 구성했으며, 그 四面에 退梁을 걸어 부차적인 공간
을 형성한다.

무량수전 귀공포
The top ornanmentation of Muryangsucheon Hall

무량수전 앞에서 바라본 **安養樓**
Anyangru Pavilion

▶ 부석사 안양루에서 본 **外景**
Muryangsucheon Hall

◀ 안양루의 화려한 공포
Detail of column top ornamnmentation of Anyangru Pavilion

　정면 3간, 측면 1간으로 1377년 建造로 알려져 건립연대를 알 수 있는 중요한 遺構이다. 집에 비해 장중한 지붕을 가져 무량수전의 정교한 비례감각과는 대조를 이룬다.

조사당 扁額 ◀
Detail of Chosatang Hall

조사당 공포구조 ▶
Detail of Chosatang Hall

공포의 포작을 둥글게 깎지않고 몇 개의 직선으로 끊어 깎은 유일한 다듬법을 보여준다.

부석사 梵鐘樓
Peomchongru Pavilion

　5번째 석단위에 서 있는 누각 건물인 범종각은 진입로를 향하여 팔작지붕으로 되어 있고, 그 반대쪽은 맞배지붕으로 되어 있어서   매우 특이하다.부석사의 中門에 해당하는 범종루 누각밑으로 진입하여 안쪽에 있는 계단을 올라가면 안양루와 무량수전 두 건물이 30° 각도로 틀어져 어울려 있는 모습이 보인다.

범종루 後面의 맞배지붕 구조 ◀
Detail of Peomchongru Pavilion

범종루 後 · 側面의 귀공포 구조 ▶
The top ornanmentation of Peomchongru Pavilion

梵鐘樓내부의 진입계단
Stair of Peomchongru Pavilion

범종루 내부모습
Inside of Peomchongru Pavilion

부석사 요사채

6번째 석단에서 본 범종루 全景
Peomchongru Pavilion

부석사 **幢竿支柱**
Tangkanchichu

安心寺 靈山殿
Ryeongsancheon Hall

安心寺 大雄殿
보물 664호
Ansimsa Temple
Treasure No. 664

安心寺 大雄殿 全景
Taeungcheon Hall

安心寺 靈山殿 全景
Ryeongsancheon Hall

安心寺 七星閣과 세존사리탑
Chilseongkak Hall

普光殿
發 일주문(一柱門)건립불사 원만
대한불교조계종 함라산 숭림사 (보물 825호)

숭림사 보광전
Pokwangcheon Hall

숭림사 보광전 전경
Pokwangcheon Hall of Sungrimsa Temple

숭림사 입구 근역

보광전 공포 상세
Detail of top ornanmentation Pokwangcheon Hall

숭림사 보광전 측면전경
The side view of Pokwangcheon Hall

직지사 大雄殿의 중정
The court of Taeungcheon Hall

◀직지사 大雄殿 全景
Taeungcheon Hall

직지사 비로전 전경
The view of Pirocheon Hall

직지사 비로전 전경
The view of Pirocheon Hall

직지사 天王門
Cheonwangmun Gate

◀ 직지사 一柱門에서 天王門 사이의 全景
Ilchumun Gate and Cheonwangmun Gate

직지사 冥府殿
Myeongpucheon Hall

직지사 應眞殿
Eungchincheon Hall

직지사 樓
Pavilion

직지사 굴뚝 상세
Detail of Chimney

◀ 來蘇寺 大雄寶殿

소재 : 전북 부안군 산내면
연대 : 1633년(인조 11년)중건
Raesosa Temple

Rebuilt in 1633

　　내소사는 변산반도 깊숙히 자리잡고 있지만, 평지형
사찰에 가까운 개념을 보인다. 진입은 樓門이 있음에
도 불구하고 주동선은 문루 옆의 계단을 통하여 우각
진입하게 된다.

대웅보전 正・右面
Taeungpocheon Hall

강한 귀솟음을 주어 법식에 충실한 구조를 보인다.

大雄寶殿

보물 291호

Taeungpocheon Hall

Treasure No. 291

　대웅보전은 정·측면 3간의　팔작지붕으로 공포는
외 3출목,　내 5출목이다. 기둥은 낮고　간살이 넓어
중후하고 안정된 외관을　갖는다. 또한, 처마를　깊게
하여 기둥에서부터 처마가　많이 돌출되어 있고, 전면
의　분합 창문에는 매우 정교한 꽃살문을 달고 있어 입
면의 구성이 뛰어나다.

대웅보전의 꽃살문
Detail of Taeungpocheon Hall

　문꼴을 아래위로 적당히 구획하여　밑에는 청판을
대고, 위에는 간소화된 살을 배치하였다.

대웅보전 공포
Detail of Taeungpocheon Hall

평방은 2개의 부재를 합쳐 사용하고 있고, 포작의
조각이 화려하다. 첨차의 상면에 곡선을 이룬 공안형
을 두고 앙서형의 쇠서를 두었다.

대웅보전 귀공포
The top ornanmentation of Taeungpocheon Hall

추녀아래에는 세련된 용머리 조각이 있다.

꽃살문 소슬빗꽃살 - 국화문
Detail of Taeungpocheon Hall

꽃살문 소슬빗꽃살 - 연잎문
Detail of Taeungpocheon Hall

꽃살문 빗꽃살
Detail of Taeungpocheon Hall

大雄殿

興國寺

- 소재 : 전남 여천군 삼일면 중흥리
- 연대 : 1195년 창건, 대웅전 17세기

Heungkuksa Temple

A.D. 1195. Rebuilt 17C

　興國寺의 배치형식은 전형적인 산지사찰의 중정형 모습을 하고 있으며 산지의 자연스런 경사지를 이용하여 전각을 배치하는 산지사찰의 특성을 그대로 보여주고 있다. 배치를 보면 계류를 건너 본격적인 사역으로 들어오기 위해 天王門을 지나야 하며 鳳凰樓와 法王門을 지나면 중심공간인 大雄殿 앞뜰이 나타난다. 대웅전을 중심으로하여 몇채의 요사체가 좌우로 배치되어 있고 대웅전을 지나면 주축선상에 八相殿이 위치하고 있다. 八相殿의 왼쪽으로는 應眞殿이 위치하고 있다. 계류를 건너는 홍교는 보물 563호로서 석축부분과 아치부분으로 구성되어 있으며 조사에 의하면 아치길이는 11.3m 이고 높이는 5.5m로서 현존하는 홍예교로서는 최대의 것이라 한다. 홍예교의 아치 중앙에는 키스톤으로 용두조각을 한 종석이 돌출되어 나와 있다. 중심건물인 대웅전은 보물 396호로서 전형적인 조선 중기 다포식의 구조이며 규모는 전면 3간, 측면 3간의 구조를 이루고 있다. 특징은 내부 불단 후면 2개의 고주 사이에 벽을 두어 탱화를 그려 넣은 것이다.

興國寺 大雄殿
보물 396호
Taeungcheon Hall
Treasure No. 396

　조선중기 다포계 양식의 전형적인 건물로서 전면 3
간, 측면 3간의 규모로 이루어져 있다. 정형의 돌로 만
들어진 석축단 위에 배치되어 있으며 4모서리에 귀주
를 두어 육중한 지붕을 지지하고 있다.

興國寺 大雄殿 기둥위 용두조각 상세 ◀
Detail of Taeungcheon Hall

興國寺 大雄殿 귀공포 상세 ▶
The top ornarmentation of Taeungcheon Hall

興國寺 法王門
Peopwangmun Gate

　鳳凰樓와 大雄殿 일곽을 구분지어주는 건물로서 공
간적으로 분절을 이루게 하며 시각적으로도 대웅전의
위계를 강조하는 역할을 하기도 한다.

興國寺 八相殿
Pharsangcheon Hall

大雄殿 후면에서 八相殿으로 올라가기 전에 바라본
전경이다.

▶興國寺 天王門
Cheonwangmun Gate

홍교에서 사찰로 진입하기위해 천왕문을 바라본 전
경이다.

◀興國寺 佛祖殿 全景
Purchocheon Hall

위치상 大雄殿 뒤쪽 오른편에 치우쳐 있으며 八相殿
으로 들어가기 위한 입구부근을 형성한다.

興國寺 종탑 全景

興國寺 홍교
Hongkyo Bridge

  계류를 건너는 홍교는 보물 563호로서 석축부분과 아
치부분으로 구성되어 있다. 조사기록에 의하면 아치길
이가 11.3m, 높이가 5.5m로서 현존하는 홍예교로서는
최대의 것이며 홍예교 아치 중앙에 키 스톤으로 용두조
각을 한 종석이 돌출되어 나와 있는 것이 특징이다.

興國寺 기둥 초석부 상세
Detail of column

興國寺 굴뚝 ▲
Chimney of Heungkuksa Temple

麻谷寺
- 소재 : 충남 공주군 사곡면 운암리
- 연대 : 7세기 창건, 17세기 중건
Makoksa Temple
A.D. 7C. Rebuilt in 17C

　　사찰의 전체적인 배치는 계류를 중심으로하여 大光寶殿을 중심으로 하는 일곽과 영산전을 중심으로 하는 일곽으로 이루어져 있으며 계류와 자연지세를 잘 이용한 것으로 유명하다. 大光寶殿 뒤쪽으로는 중층의 大雄寶殿이 위치하고 있으며 시각적으로 볼 때 묘한 분위기를 자아내고 있다. 즉, 大光寶殿을 우각진입하여 大雄寶殿으로 올라갈 때 느끼는 시각적인 느낌은 마치 이 두 건물이 일직선상에 배치되어 있는 것과 같은 착각을 갖게 하며 두 건물의 지붕이 겹쳐있어 이를 더욱 강조하고 있다. 大光寶殿 앞으로는 고려때의 것으로 보이는 5층탑이 배치되어 있으며 이를 중심으로 넓은 중정을 형성하고 있다.

麻谷寺 大雄寶殿
보물 801호
Taeungpocheon Hall
Treasure No. 801.

　　조선 중기의 건물로 다포식이며 중층의 합각지붕을
하고 있다. 大光寶殿 뒤에 있어 중층의 지붕이 大光寶
殿과 겹쳐져 마치 이 두건물이 일직선상에 있는듯한
착각을 갖게한다. 규모로는 1층의 경우 전면 5간, 측
면 4간이며 지방문화재이기도 하다.

麻谷寺 大光寶殿 전경
The view of Taekwangpocheon Hall

麻谷寺 大光寶殿 편액과 공포구조 ◀
보물 802호
Detail of Taekwangpocheon Hall
Treasure No. 820

麻谷寺 大光寶殿 귀공포 상세 ▶
Detail of top ornarmentation of Taekwangpocheon Hall